"小小极客"系列

什么是人工智能?

吴根清 编著

海豚出版社
DOLPHIN BOOKS
中国国际出版集团

新世界出版社
NEW WORLD PRESS

编者的话

在这个无处不科技的时代，越早让孩子感受科技的力量，越早能够打开他们的智慧之门。

身处这个时代、站在这个星球上，电脑科技的历史有多长？人类和电脑究竟谁更聪明？人类探索宇宙的步伐走到了哪里？"小小极客"系列通过鲜活的生活实例、深入浅出的讲述，让孩子通过阅读内容、参与互动游戏，了解机器人、计算机编程、虚拟现实、

人工智能、人造卫星和太空探索等最具启发性和科技感的主题，从小培养科技思维，锻炼动手能力和实操能力，切实点燃求知之火、种下智慧之苗。

"小小极客"系列是一艘小船，相信它能载着充满好奇、热爱科技的孩子畅游知识之海，到达未来科技的彼岸。

作者介绍

吴根清，毕业于清华大学计算机系，获博士学位。具有多年在移动互联网和人工智能行业工作经验。喜欢给女儿讲解前沿技术。

小小极客探索之旅

　　阅读不只是读书上的文字和图画，阅读可以是多维的、立体的、多感官联动的。这套"小小极客"系列绘本不只是一套书，它还提供了涉及视觉、听觉多感官的丰富材料，带领孩子尽情遨游科学的世界；它提供了知识、游戏、测试，让孩子切实掌握科学知识；它能够激发孩子对世界的好奇心和求知欲，让亲子阅读的过程更加丰富而有趣。

　　一套书可以变成一个博物馆、一个游学营，快陪伴孩子开启一场充满乐趣和挑战的小小极客探索之旅吧！

极客小百科

关于书中提到的一些科学名词，这里有既通俗易懂又不失科学性的解释；关于书中介绍的科学事件，这里有更多有趣的故事，能启发孩子思考。

这就是探索科学奥秘的钥匙，请用手机扫一扫，立刻就能获得——

极客相册

书中讲了这么多孩子没见过的科学发明，想看看它们真实的样子吗？想听听它们发出的声音吗？来这里吧！

极客游戏

读完本书，还可以陪孩子一起玩 AI 互动小游戏，让孩子轻松掌握科学原理，培养科学思维！

极客画廊

认识了这么多新的科学发明，孩子可以用自己的小手把它们画出来，尽情发挥自己的想象力吧！

极客小测试

读完本书，孩子成为小小极客了吗？来挑战看看吧！

超级大脑

小朋友，你觉得人类厉害还是动物厉害？人类有一点比所有动物都厉害，你知道是什么吗？

想到了吗？那就是人类的超级大脑！

　　看看人类和各种动物的大脑占各自体重的比例，可以发现，人的大脑所占的比例几乎是最大的。发达的大脑是人类比其他动物"聪慧"的基础。

超级大脑是怎么产生的？

在古老的中国神话里，创世女神女娲用黄泥掺和了水，照自己的样子捏成了人，往地上一放，人就活了起来。

在西方的传说里，是上帝用泥土按照自己的样子捏了个人形，然后吹了口气，小泥人就活了。

不论在哪个传说里，人都是神创造的，而且一出现就能说话，很聪明。

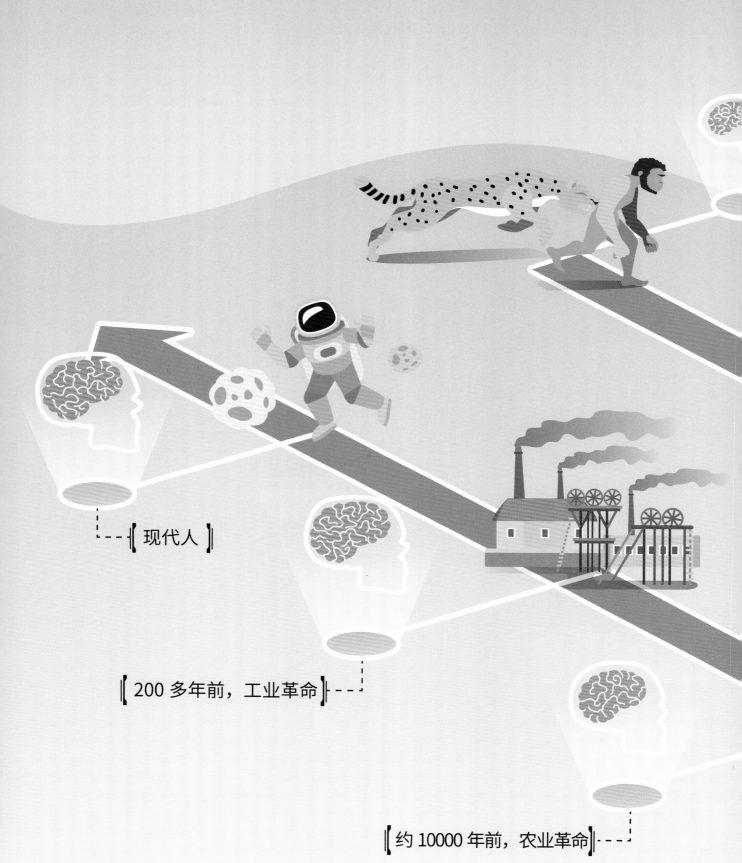

【现代人】

【200 多年前，工业革命】

【约 10000 年前，农业革命】

但是，当然没有这么容易的事情。从科学的角度讲，人的大脑是逐渐进化成现在这样的，而且，随着大脑的进化，人类取得了各项伟大的成就。

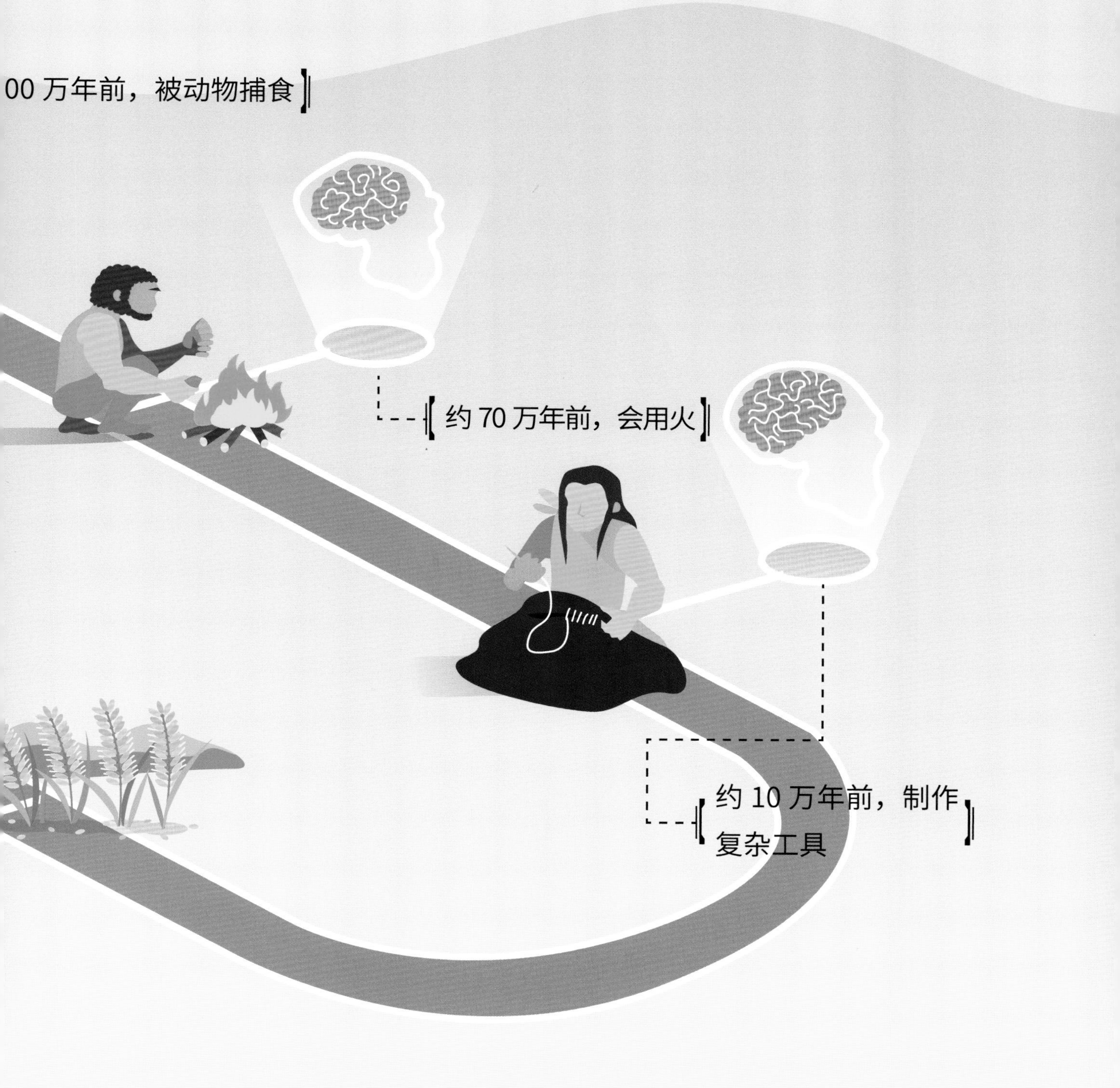

00 万年前，被动物捕食

约 70 万年前，会用火

约 10 万年前，制作复杂工具

具体到每个人的身上，我们都是从小小的婴儿开始，逐渐成长；从爸爸妈妈开始，认识更多的人；从自己的家开始，见识更多的地方；从小床边的玩具开始，探索更多未知的事物。

　　在这个过程中，我们的大脑也在逐渐成长，不只个头儿在长大，也在变得更聪明、更懂事。我们从外界接收的信息会传输到大脑，改变大脑里的神经连接，被大脑加工，形成感受、记忆、思考……最后成为我们的智慧。

法律

父母工作
场所

邻居

价值观

父母

婴儿

幼儿园

经济

家族

游乐场

医院

国家

传统

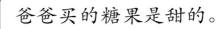

在这个过程中的每一步，我们都需要经过自己的观察和思考，吸收新的知识，并把已经学到的知识重新组合，形成自己的认识。这种不断学习的能力就是人类获得并提升智慧的神秘力量。

今天小雨给我一个糖果。

所以，糖果是甜的！

小雨给的糖果应该也是甜的。

最"聪明"的工具
——计算机

随着人类的发展，我们发明的工具也越来越"聪明"，计算机就是人类发明的最"聪明"的工具。有了它的帮助，我们计算的速度越来越快，从"走路"变成"快跑"。比如，我们可以用计算机快速计算，而不需要用古老的算盘；可以直接视频通话，而不用信鸽传书；可以在网上查询并阅读电子书，而不用非得去图书馆或书店找纸质书……计算机改变了人类生活的方方面面。

人工智能 **VS** 人

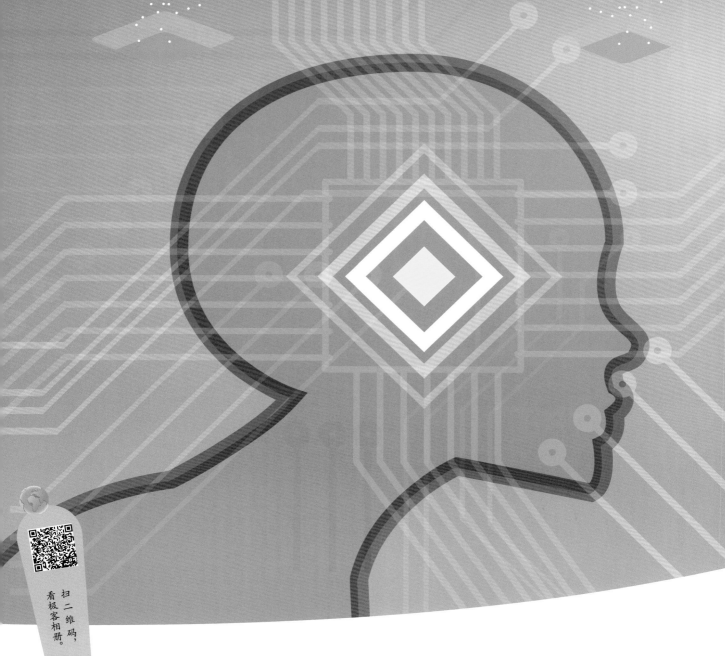

扫二维码，看极客相册。

人工智能

当计算机"聪明"到能够模拟人类智能行为，能完成自主学习、判断、决策等人类行为的时候，它就被称为人工智能。

计算机真的可以像人一样吗？

人工智能对人类的挑战

　　人工智能也像人类一样，是慢慢变"聪明"的。早期的计算机有点"笨"，计算能力并不强大。所以，最早的人工智能执行程序能力有限，擅长的是简单的棋类游戏。

　　先看看井字棋吧！游戏规则很简单，一共九个空格，先把三个棋子连成一条线的一方就赢啦！

　　对于横竖都是三个格的棋盘来说，一共有 19683 种摆放方法和 362880 种走子过程，功能强大的计算机能轻松算出所有的下法，然后选择最有利的下法。所以对计算机来说，和人类比赛井字棋完全是小菜一碟。

O 方赢了！

当前状态，下面该 O 方下子。

再来看看国际象棋。一盘国际象棋有非常多的变化。这么多的数，计算机无法算出所有的变化。它只能计算，看看怎么努力才更有可能赢，谁想得多、想得远，谁就更厉害。

1997 年，计算机打败了人类国际象棋冠军，在与人类的智力比赛中又取得了小小的胜利。

围棋，可以说是棋类游戏中最复杂、难度最大的一种，一盘围棋的变化比国际象棋的还多。围棋就是人工智能在棋类游戏上挑战人类的最难一关。

几十年来，计算机围棋程序在棋艺上一直远远落后于人类棋手。但是，2016年发生了爆炸性的新闻：人工智能的围棋程序"阿尔法狗"居然打败了人类围棋冠军，并在之后和人类的比赛中一直获胜。人工智能在与人类的棋类比赛中都赢了！

人工智能为什么能获胜？

　　如果我们把游戏开始看作大树的树干，那每一步的选择就像是树干上的一个分枝，而每个赢或者输的结果就像一片树叶。把从开始到结束的所有可能的过程画下来，就组合成了一棵包含无数分枝和树叶的巨大的树。

　　当计算机无法计算这棵大树的每片叶子时，为了赢得比赛，计算机的秘诀就是剪去没有用的"树枝"。这样计算速度就加快了。

人工智能真的能像人类一样思考吗？

　　我们要考考人工智能，看看它是不是真的能模仿人类进行思考。

　　有一种专门针对人工智能的考试，叫"图灵测试"。这个测试由数学家、计算机先驱艾伦·图灵提出，人们为了纪念他，用他的名字来命名了这个测试。

哇，当时的计算机这么大个儿啊！

图灵在第二次世界大战后期改进了当时一个著名的机电计算装置，在破解纳粹德国军事密码方面发挥了关键作用。据后来估算，他领导的解密工作至少帮助盟军提前两年结束了战争，拯救了上千万人的生命。

图灵测试怎么做？

回答1：是的。

回答2：是的，我不是已经说过了吗？

回答3：你烦不烦，干吗老提同样的问题。

先把测试者和被测试者分开，被测试者可能是人，也可能是人工智能机器。测试者提出同样的问题让被测试者回答，如果两方的回答让测试者无法区分哪个是人类、哪个是人工智能机器，那么这台人工智能机器就通过了测试，被认为和人类一样"聪明"了！

可惜，目前还没有一台人工智能机器能真正通过全面的图灵测试。这个结果提醒人类，要造出全面超越人类的全能人工智能机器，还差得远呢！

问题1：你会下国际象棋吗？

问题2：你会下国际象棋吗？

问题3：请再次回答，你会下国际象棋吗？

回答1：是的。

回答2：是的。

回答3：是的。

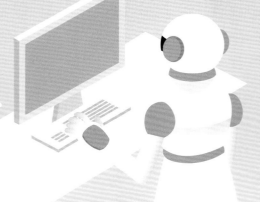

小朋友，
你知道了吗？

我知道哪一个
是机器了！

为什么人工智能很难超越人类？

要实现超级强大的人工智能，就要学会人类的所有知识，而人类的知识数量却有那么多，那么多！

我们日常生活中有无数的知识实体，比如一个人、一座城市、一所大学、一颗星星等等。这些实体之间还有各种复杂的关系，比如咚咚仔出生在北京，他去上海上了幼儿园、小学，他的小脑瓜里有北京天安门的样子，又有上海幼儿园里小朋友的名字，还有小笼包香香的味道……

扫二维码，学习更多知识。

几万年来，人类已经创造了数不清的知识实体，以及更多的实体之间的关系。更让人惊奇的是，每个实体无时无刻不在变化中，它们之间的关系也在永远的变化之中。要让人工智能学会所有这些知识，掌握所有这些变化，而且一直持续学习新的知识和变化，是非常困难的事情。

怎么让人工智能更"智能"?

我们从最简单的游戏开始：假如有一堆苹果和梨混在一起，怎样让计算机认出哪些是苹果，哪些是梨？

　　要知道，世界上没有完全一样的两个梨或者完全一样的两个苹果。如果有无数的梨和苹果要让计算机区分，应该让计算机怎么做呢？

　　解决的方法是机器学习。

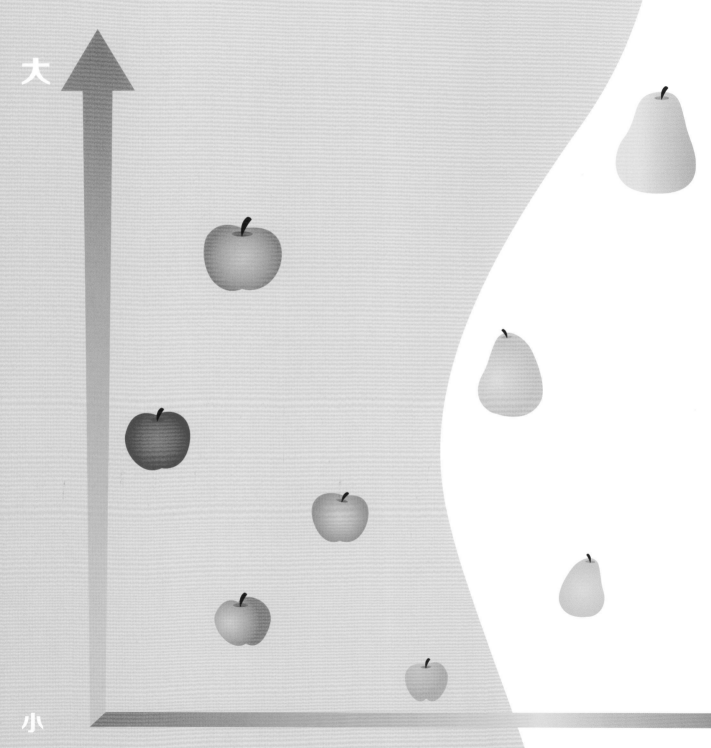

区分苹果和梨的游戏实际上是机器学习中最常见的分类问题，通常包括"训练"和"识别"两个阶段。

训 练

为了让计算机自动把苹果和梨分开，计算机需要认真"观察"水果的大小和颜色，这里的"大小"和"颜色"称为"特征"。

接下来，我们按照"特征"把水果排好队（横排越靠右，颜色越绿；竖排越靠上，个头越大），那图中的曲线就是苹果和梨区分开的分界线。这个根据特征找到分界线的好办法就叫训练。在把苹果和梨区分开的游戏中，颜色比大小更重要。

绿

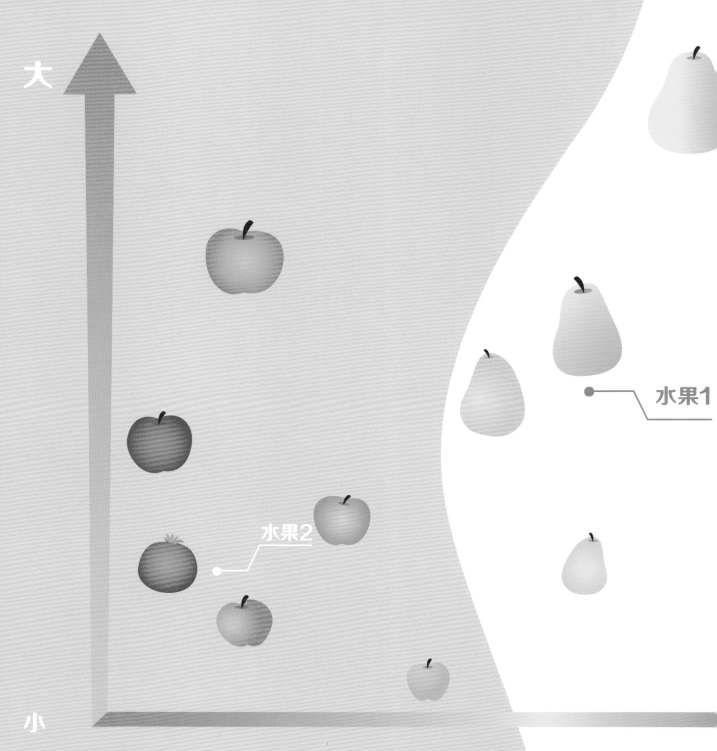

大

小

红

水果1

水果2

识　别

　　接下来游戏继续进行。这时，加入一个新的水果1（苹果或梨），根据之前的大小、颜色特征排队，它被靠右排，按照分界线的"报告"，这是一个梨！这种根据分界线来区分事物的办法就叫作识别。

　　现在来考考你，如果增加了新的水果2（既不是苹果也不是梨），你认为计算机还能正确识别吗？比如说，如果新加入一个石榴，会发生什么事情？

　　石榴会被识别为苹果或者梨，而这两个答案都是错误的，因为我们原来没有想到会出现第三种水果。在真实的世界里，要让计算机从各种东西中识别出某样特定东西会更加困难，因为需要把这样东西和所有其他东西区分开。

我们以猫的识别为例。

对于人类来说，一般一眼就能看出图9和图10是猫，那图8画的是猫吗？图7、图6甚至图5呢？再往前，图1甚至变成了一只小鸡。而真实世界里的变化比这个要复杂得多。

如果想让计算机识别猫的能力增强，我们就需要提供更多的样例给计算机，而且要采用更加复杂的模型。近年来，一种叫作"深度学习"的机器学习方法取得了巨大的成功。它模拟人的神经元网络，采用了上百万的训练数据。经过"深度学习"的人工智能在猫的识别上，无论速度还是准确性，都已经远超人类。

图1

图2

图

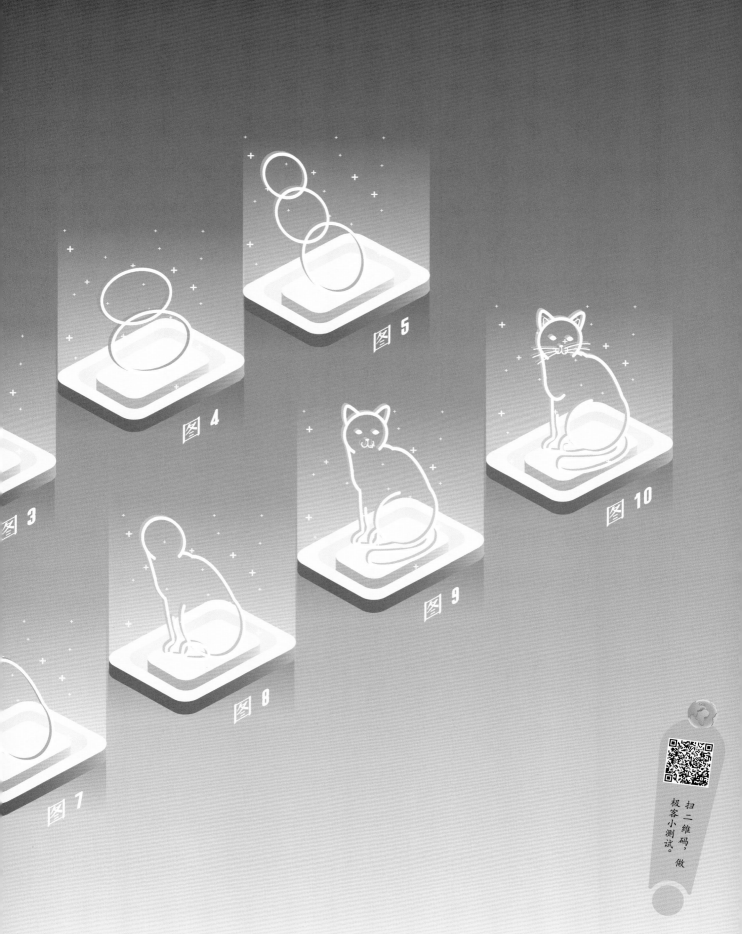

图 4

图 5

图 3

图 1

图 8

图 9

图 10

人工智能能做什么？

这种"智慧"学习的方法为人工智能越来越聪明帮了大忙。现在我们来看看，人工智能在过去、现在是怎么改变我们的生活的，在将来又将如何改变我们的生活。

自动驾驶汽车带我去上学啦！

自动驾驶汽车

小朋友，请你说说，你还希望人工智能能做些什么呢？

您的身体完全正常!

智能诊疗

给我讲个故事吧!

学习伴读

放葡萄

　　看完了这本书，现在你对人工智能了解了多少呢？下面我来考考你吧。看看这幅图，一共有 30 个盘子，其中 20 个盘子里有葡萄，10 个盘子里什么都没有，每个空盘都有自己的编号。我们从左往右看，葡萄粒的数量由少变多，从下往上看，葡萄的颜色由黄变紫。二维码会随时给你显示不同的葡萄，请小朋

紫色

黄色

友开动大脑，给这些不同数量、颜色的葡萄找到最适合它的盘子吧！

提示：每输入一次，系统会公布正确的盘子号码。

扫描下方二维码才能开始游戏哦！

9

2

7   6

图书在版编目（CIP）数据

什么是人工智能？ / 吴根清编著 . -- 北京：海豚
出版社：新世界出版社 , 2019.9
ISBN 978-7-5110-4059-6

Ⅰ . ①什… Ⅱ . ①吴… Ⅲ . ①人工智能－儿童读物
Ⅳ . ① TP18-49

中国版本图书馆 CIP 数据核字 (2018) 第 286208 号

什么是人工智能？
SHENME SHI RENGONG ZHINENG
吴根清　编著

出 版 人　王　磊
总 策 划　张　煜
责任编辑　梅秋慧　张　镛　郭雨欣
装帧设计　荆　娟
责任印制　于浩杰　王宝根
出　　版　海豚出版社　新世界出版社
地　　址　北京市西城区百万庄大街 24 号
邮　　编　100037
电　　话　(010)68995968（发行）　　(010)68996147（总编室）
印　　刷　小森印刷（北京）有限公司
经　　销　新华书店及网络书店
开　　本　889mm×1194mm　1/16
印　　张　3
字　　数　37.5 千字
版　　次　2019 年 9 月第 1 版　2019 年 9 月第 1 次印刷
标准书号　ISBN 978-7-5110-4059-6
定　　价　29.80 元